COURS
DE PHYTOLOGIE,

OU DE

BOTANIQUE GÉNÉRALE

APPLIQUÉE

A L'ART DE CULTIVER LES PLANTES,

EN UN MOT

A L'HORTICULTURE.

PAR LE Cte. A. AUBERT DU PETIT-THOUARS,

Membre de l'Académie des Sciences et des Sociétés royale et centrale d'Agriculture, et de celle d'Horticulture de Paris et de Londres.

J'ai établi ce Cours à la Pépinière du Roi au Roule, en 1809; je le transporte cette année dans le local où s'assemble la Société d'Horticulture, rue Taranne, n°. 12.

Par le Discours d'ouverture on connoîtra le but où je tends et le sujet de chacune des vingt Séances; en même temps j'indiquerai les moyens que j'emploierai pour faire paroître, par l'impression, le contenu de chacune d'elles.

Il s'ouvrira mardi, 10 juin, à une heure précise, et continuera les jeudis et mardis suivans.

Les circonstances seules ayant déterminé le changement de local, ce Cours reste toujours gratuit comme dans son origine.

Fatigué de la position où je me trouve réduit depuis vingt-cinq ans, celle de faire des efforts inutiles pour publier les matériaux que j'amasse depuis près de cinquante ans, j'ai voulu faire une dernière tentative pour mettre au moins quelques personnes à même de prendre une idée juste de mes Recherches sur la Végétation. C'est en professant encore une fois le Cours de Phytologie, que j'avois ouvert à la Pépinière du Roule en 1809. Le transportant dans un local près d'un centre où les Sciences et les Lettres semblent s'être donné rendez-vous, je croyois lever des obstacles que quelques Amateurs avoient mis en avant pour s'excuser de ne l'avoir pas suivi : l'éloignement où je me trouvois de ce centre. J'annonçois aussi le projet d'annuler un autre sujet d'excuse : c'est qu'on ne pouvoit espérer de saisir l'ensemble d'une Doctrine que je déclarois nouvelle, par la seule audition d'une leçon orale, puisque je n'avois pas encore publié d'Ouvrage complet sur ce sujet ; je devois donc indiquer les moyens que je voulois employer pour faire paroître, par l'Impression, le contenu de chacune d'elles. Par cette annonce, on a pu croire que je voulois sacrifier aux idées du moment, en faisant un Cours *improvisé*, saisi par la Sténographie. Il sembloit encore que j'obéissois à l'attrait de la nouveauté en amenant le mot *Horticulture*. Il est certain que c'est si récemment que ce terme s'est introduit dans la langue, que quelques Puristes ont voulu le bannir comme le produit du Néologisme. On va voir, par l'explication que je vais donner, que ce n'est point pour obéir au caprice de la mode que j'ai pris cette détermination sur ces deux points.

Malgré l'envie que j'avois de donner une certaine publicité à mes découvertes physiologiques, j'ai long-temps hésité ; j'ai annoncé d'abord vaguement ce projet : plusieurs personnes ont paru l'approuver, mais aucune ne témoignoit le désir de le favoriser par sa présence.

Voyant la saison la plus favorable s'avancer, je me suis déterminé à lancer une simple annonce : c'est le jeudi 5 juin que je l'ai livrée à l'impression. J'en ai distribué à la Société Philomatique le samedi soir. Enfin le lundi, j'ai annoncé à l'Académie l'ouverture de ce Cours pour le lendemain mardi 10. Je sentois bien que je n'avois pas fait les démarches nécessaires pour obtenir beaucoup d'Auditeurs, en sorte que je n'ai pas été très-étonné de n'en trouver qu'un seul, encore étoit-il venu sur mon invitation particulière du matin. Un petit nombre, c'est-à-dire moins de douze, m'eût embarrassé; mais que j'en eusse seulement rencontré vingt, et qu'ils eussent témoigné le désir de suivre le Cours jusqu'au bout, j'aurois été pleinement satisfait, puisque j'aurois joui de l'espoir d'être écouté de suite par des personnes disposées en apparence à faire attention à ce que je leur dirois. Mais cet espoir eût été détruit dès le lendemain, attendu que je me suis trouvé confiné dans ma chambre par un mal très-léger dans le principe, mais qui s'est aggravé par les efforts que j'ai faits pour le surmonter. J'ai voulu conserver le mouvement lorsque quelques jours de repos suffisoient pour tout dissiper. Je voyois s'accroître le mal, et je prévoyois ce qui est arrivé; c'est là ce qui m'a fait brusquer l'annonce de l'ouverture de ce Cours, parce que j'espérois qu'une fois commencé, en cas de suspension forcée, je pourrois le reprendre dès qu'une fois j'aurois recouvré la faculté de marcher. J'aurois fait cette ouverture en lisant un Discours sur l'*Enseignement de la Botanique ;* je l'aurois terminé ainsi :

Voilà, Messieurs, la manière dont je veux exposer les différentes parties qui composent ce que je nomme PHYTOLOGIE. L'ordre que je veux suivre est déterminé par un Tableau *synoptique*, qui conduit par accolades à dix-huit mots, ce sont autant de parties que je distingue comme sujets de chaque séance. Ce Tableau est détaché lui-même d'un autre, qui conduit à vingt mots que je qualifie de Sciences. Mais, répète-t-on depuis long-temps, la Botanique mérite-t-elle le nom de *Science ;* car de l'aveu de ceux qui s'en occupent, elle n'aboutit qu'à une simple nomenclature, ou bien, bornant ses travaux à de vaines spéculations, elle néglige l'essentiel, les Propriétés des Plantes. C'est contre la Botanique qu'on dirige le plus souvent ces inculpations; mais on ne fait pas attention que toutes les autres Sciences sont dans le même cas; qu'elles sont *pures* et *théoriques* dans leur essence, et qu'aucune d'elles n'est directement utile. Cè n'est qu'en se combinant plusieurs ensemble qu'elles deviennent susceptibles de s'appliquer aux besoins de l'homme, et cela par une raison toute simple: chaque Science ne considère les substances que sous un seul point de vue, faisant abstraction de toutes ses autres propriétés. C'est la Théorie qui rend *savant*, mais c'est son application qui rend *habile*. On voit que les deux dernières Séances sont destinées à exposer, mais sommairement, tous les services positifs que peut rendre la Botanique à la Société générale. Pour détailler celle qui porte le titre d'*Usages des plantes*, il faudroit passer en revue toutes les Branches de l'Industrie. Quant à la dernière, c'est l'art de la Culture, c'est par son moyen que l'homme s'est rendu propriétaire de la surface entière du Globe. Comme on le voit, ce n'est point une Science particulière, mais la direction et l'application de toutes les Sciences Naturelles vers ce même but; mais on voit sur le titre, que l'Application de la Botanique à la Culture doit être une partie de ce Cours; c'est ce que je désigne par ce seul mot *Horticulture*. Il sembleroit que le mot *Culture* seul pourroit suffire; mais il est si souvent appliqué par métaphore à d'autres usages, qu'il faut y joindre un complément: c'est ordinairement ces deux mots, *des Plantes*. C'est un pléonasme que je remplace par ce mot *Horti;* mais quelques personnes repousseront ce *Composé*, les unes, comme on l'a dit, par horreur du Néologisme, les autres parce qu'il tire de son origine une signification plus restreinte que celle que je lui donne. Voyons jusqu'à quel point ces motifs de répulsion sont fondés. On ne peut disconvenir, dira-t-on, que ce mot ne se soit répandu que très-récemment dans le langage commun, et qu'il ne se trouve dans aucun des Auteurs du temps de la bonne Latinité. Mais seroit-ce une raison pour le repousser ? Sa formation est si simple, que les deux mots qui la composent pouvoient se rencontrer fortuitement : non, disent les Puristes ; car les Auteurs estimés n'ont employé ce mot *Hortus* qu'au pluriel. Aussi Virgile, en témoignant le regret de ne pouvoir s'occuper des Jardins, s'exprime ainsi :

Forsitan et, pingues Hortos quæ cura colendi
Ornaret, canerem......

On pourroit citer d'autres exemples nombreux ; un seul suffit pour les anéantir, c'est lorsque le même Virgile dans ses Eglogues dit :

Custos es pauperis HORTI.

Le mot de *Cultor* pouvoit aussi bien paroître ici que celui de *custos* ; mais il sembloit qu'il n'auroit pu suivre immédiatement le mot *Horti* dans les vers hexamètres ; cependant, digne successeur de Virgile dans les temps modernes, le père Rapin a trouvé le seul moyen d'y réunir ces deux mots ; c'est par l'enjambement :

..... *Vitæ cœlibis* HORTI-
CULTOR *erat, carpens privatæ gaudia vitæ.*

Ce mot auroit donc été créé en 1661 ; mais il avoit été déjà employé depuis trente années, car Pierre Lauremberg l'avoit pris en 1631 pour titre d'un *Traité du Jardinage*, écrit en très-bon latin. Il y a apparence que si par la traduction on nous eût enrichi de cet ouvrage aussi bon qu'il pouvoit être alors, le mot *Horticulture* seroit entré dans notre langue à cette époque ; mais celui d'*Horticulteur* a paru depuis. Il a été employé en 1761 par le père d'Ardennes, un des meilleurs écrivains agronomiques que nous possédions ; c'est dans son *Année champêtre*. Ainsi l'on peut donc sans scrupule l'adopter. Il n'est pas le caprice de la mode, quoique ce ne soit que depuis très-peu de temps qu'il se soit répandu dans toute l'Europe ; ce qui prouve que partout on a senti son utilité. Il semble donc être le pendant nécessaire du mot *Agriculture*, dont il est l'analogue ; mais l'un et l'autre ont une signification précise qu'ils tirent de leur origine. Si le premier est la Culture du Jardin, l'autre est celle du Champ ; pour le premier, un Homme seul, armant son

Bras d'une Bêche, met son terrain à même de recevoir toutes les plantes qu'il veut leur confier; mais pour l'autre, l'Homme appelle à son secours les Animaux qu'il a domptés; par eux, il met en mouvement le Soc dont est armé sa Charrue, pour préparer le Champ qui doit, surtout, recevoir les grains nourriciers. Ainsi, par des voies différentes, tous les deux soignent les Plantes sur lesquelles sont fondées leurs espérances. Mais le second doit de plus soigner les Animaux qu'il emploie, non seulement en conservant ceux qu'il a, mais en les remplaçant quand ils sont hors de service. Il se livre donc à leur Education. Voilà encore un de ces mots dont la signification, précise d'abord, parce qu'elle ne s'appliquoit qu'aux Animaux, est devenue vague par les allusions. Ici se trouve l'application d'une autre Science, la Zoologie; par-là le mot Agriculteur devient déjà plus compliqué que celui d'Horticulteur; mais l'usage l'a encore plus étendu, puisque maintenant on désigne par ce mot *Agriculture* l'Art ou l'enseignement de tous les moyens nécessaires pour tirer le plus de Parti possible d'une surface déterminée de Terrain ou d'un Domaine. Mais il se partage lui-même en quatre Branches ou quatre Arts secondaires.

L'ART
1. De couvrir la Terre des plantes les plus utiles : l'*Horticulture*.
2. De conserver et multiplier les Animaux *domestiques* : la *Zoopédie*.
3. D'employer ces deux produits pour l'entretien de la Famille : le *Ménage*.
4. De répandre le surplus de ces produits le plus avantageusement possible : l'*Industrie*.

On reconnoît donc maintenant comme Agriculteur, celui qui surveille avec intelligence la manutention d'un Domaine; il emploie avec discernement le Jardinier, le Laboureur, le Vigneron et autres ouvriers. C'est le Père de Famille que Charles Estienne met à la tête de sa Maison Rustique. Il parcourt le plus souvent qu'il peut sa Propriété *territoriale*. Il passe donc en revue le Parterre, le Potager, le Verger, le Bosquet, la Vigne, le Champ, la Prairie, le Bois, soit Taillis, soit Futaie. En rentrant dans son Manoir, il jette l'œil du Maître sur ses Troupeaux. Dans le Logis, c'est par lui-même que l'ordre règne dans ses Greniers et ses Celliers. La Boulangerie, la Cuisine, l'Office, sont pareillement bien entretenus ; car ils sont sous la direction de son Epouse, ou de la Mère de Famille. Il a trouvé dans ses Enfans d'autres auxiliaires, aussi zélés qu'intelligens, auxquels il confie les détails des autres Parties. C'est le Fils aîné qui est chargé de la manutention de l'Ecurie, de l'Etable, de la Bergerie, en un mot, de l'Education des Animaux *domestiques*, mais Quadrupèdes ; car c'est la Fille *aînée* qui fait son occupation d'animer la Basse-Cour par de nombreuses Volailles. Au dehors, un second Fils est chargé de l'Horticulture. C'est donc lui qui doit couvrir le Sol des Productions *Végétales* les plus avantageuses. Il prend donc soin des Parties extérieures que nous avons énumérées les premières : mais il est obligé de se concerter avec son Aîné, pour labourer le Champ et transporter au Logis les Moissons. Celui-ci prête également le secours de ses Bestiaux à un troisième Frère, pour remplir ses fonctions ; car c'est lui qui doit livrer au Commerce et à l'Industrie le superflu des Récoltes. La prospérité est le résultat de cette Réunion patriarchale. Si elle se concentre dans son Intérieur, elle se trouvera réduite à sa seule expérience. Au lieu de cela, que chacun des membres de la Famille entre en communication avec ses Voisins ou autres, qui se livrent à la même occupation que lui, il se fera un échange de connoissances qui tournera à l'avantage réciproque des Deux Parties : c'est le véritable Enseignement *mutuel*. On s'en est beaucoup occupé depuis quelque temps comme d'une chose nouvelle ; cependant il est aussi ancien que l'apparition de l'homme sur la Terre, et c'est la Base de la Civilisation. Il s'empare de nous dès le Berceau ; il nous conduit jusqu'au dernier terme, sans que nous nous apercevions de son influence.

Ce n'est que dans des temps plus récens qu'on a cherché à lui donner des Formes régulières : c'est lorsqu'un certain nombre de Personnes se sont réunies pour s'occuper en commun du même Objet. Il en est résulté les Académies tant *littéraires* que *scientifiques*. Elles paroissoient livrées exclusivement à la Théorie. Pour satisfaire aux besoins de la Pratique, plus tard on en tira les Sociétés d'Agriculture. On sait que c'est au milieu du XVIIIe Siècle que Louis XV les créa sur tous les points de la France. Celle de Paris n'eut d'abord sur les autres que l'avantage de sa Position, de se trouver au milieu d'une Population plus nombreuse; mais Louis XVI, en lui donnant le titre de *centrale*, réunit toutes ces Sociétés éparses en un seul Corps. A la Restauration, Louis XVIII confirma cette disposition avantageuse. Il en résulte que c'est une seule Société, animée du même esprit, qui, sur tous les points du Royaume, surveille la Manutention de ce Vaste Domaine. Comme le Père de Famille dont nous avons parlé, elle doit appeler à son secours des Auxiliaires : c'est le plus Jeune, qui s'est présenté, de lui-même, le premier dans la Société d'Encouragement, qui remplit ses fonctions. Plus de vingt ans se sont écoulés avant qu'un second Auxiliaire parût, c'est la Société d'Horticulture : que faut-il pour que le troisième se produise? Que les Personnes aussi zélées qu'instruites qui composent la Société pour l'Amélioration des Laines, prennent leur essor, en étendant à tous les Animaux domestiques les soins qu'ils donnent à la seule Bergerie, et la Société *Zoopédique* sera fondée. Restera celle du Ménage à créer. Seroit-ce sous le nom d'Economie? mais encore, par l'extension qu'on a donnée à ce mot, qui correspond bien au mot français, puisqu'il signifie Règle de la Maison, on est obligé de joindre l'épithète de *domestique*. C'est donc encore un pléonasme ; ne vaut-il pas mieux mettre le grec de côté et conserver le mot si éminemment français de Ménage ; il conviendroit d'autant mieux, qu'il me semble que c'est aux Dames qu'il appartient de fonder cette quatrième Société, pour compléter les Succursales, si je peux m'exprimer ainsi, de la Société d'Agriculture. C'est sous les Auspices du Vrai Père de Famille de la France que cette Réunion doit s'effectuer. Charles X, en confirmant leur existence, parachève donc l'œuvre de ses trois devanciers, que la Société centrale d'Agriculture a si heureusement caractérisée par sa Médaille : *Instituit, constituit, restituit.*

Voilà donc une quatrième époque à célébrer, c'est le Perfectionnement de l'enseignement de l'Agriculture. Il résulte, de l'application qu'on lui fait du principe d'où découle la prospérité de l'Industrie, la Division du Travail. Mais on ne doit pas s'arrêter à ces quatre Branches principales; il faut descendre par les Comités, pour isoler d'abord toutes les parties secondaires, qu'à l'imitation de Charles Estienne nous avons caractérisées par un titre particulier; ensuite, y ajouter toutes les autres qui paroîtront nécessaires. C'est par leur Liste complète qu'on peut fixer les attributions ou le Domaine de chacune des quatre Sociétés. Nous ne devons nous occuper ici que des fonctions de l'Horticulteur. Il soigne donc d'abord des Plantes *herbacées*, dans le Parterre, pour l'Agrément, et dans le Potager, pour l'Utilité; dans l'un comme dans l'autre, les unes sont *annuelles* et les autres *vivaces*, c'est-à-dire que les unes périssent tous les ans, et que dans les autres la Racine survit à la Tige, ce qui met beaucoup de différence dans leur mode de Culture. Il s'en trouve une plus forte encore, c'est lorsque les parties Extérieures subsistent indéfiniment. C'est le cas des Arbres et Arbustes : ils composent le Verger et le Bosquet. Mais l'Education de ceux-ci est la même. Ils ont besoin de secours particuliers long-temps avant qu'ils remplissent les intentions du Cultivateur; de là, l'obligation de les surveiller dans des Pépinières; enfin, ils y sont livrés entièrement au cours des Saisons. Mais, pour des cas particuliers, il a appris à les soustraire aux influences des Causes extérieures. De là les Cultures *forcées*, et successivement l'Orangerie et la Serre-chaude. Enfin, la Mère de Famille a, dans son Intérieur, une Pharmacie dont elle sait faire un noble usage; elle met encore plus de confiance dans quelques Plantes dont elle a appris par tradition l'usage. Il lui faut donc un petit Jardin de Botanique. Pour l'entretenir, l'Horticulteur doit étudier la Nature de chaque Plante, prise en particulier, pour rassembler autour d'elle toutes les circonstances qui peuvent assurer son existence; voilà donc l'ensemble de ce qu'on regarde comme composant l'Art du Jardinage. Il comprend la Pratique de toutes les opérations qui peuvent favoriser la Végétation , les plus communes comme les plus délicates. Quelle que soit l'étendue de Terrain que surveille l'Horticulteur, il ne s'y présentera que des Applications les plus simples, de tout ce qu'il pratique tous les jours : il ne sera donc point embarrassé pour faire semer les *Céréales*, ou les grains Nourriciers, aux époques qui paroissent les plus favorables : la routine y préside de temps immémorial. Mais les connoissances qu'il a acquises dans son Jardin , peuvent s'appliquer à un autre Terrain , quelque ample qu'il soit. C'est lui seul qui pouvoit se demander, pourquoi ce Champ est obligé de se reposer , tandis que son Jardin est toujours en activité ? et la loi des Assolemens a été reconnue; il a senti qu'elle s'appuyoit sur l'alternation des Semis, et il a tiré de son Enclos des Plantes regardées jusque-là comme *Potagères*, qui ont fourni des Graines *huileuses* à l'Industrie ou des Fourrages pour les Bestiaux, c'est-à-dire, les Prairies *artificielles*. La Prairie *naturelle* semble être totalement livrée à la Nature ; mais l'Horticulteur croit qu'il seroit avantageux d'y semer certaines Espèces de Plantes utiles, pour remplacer celles qui sont inutiles ou même nuisibles, qu'il fait arracher soigneusement. Quand on a dirigé des Treilles parmi les Arbres fruitiers , quelle difficulté peut-on trouver à conduire la Vigne , qui doit fournir la Vendange au pressoir? De même, il n'en coûtera pas plus de peine d'élever dans la Pépinière des Mûriers que tout autre Arbre. A mesure qu'ils se multiplieront , l'Horticulteur les répandra sur la surface du Domaine , de manière à ce qu'ils remplissent les Vides sans nuire aux anciennes Cultures : par-là , il ménagera une occupation agréable à la Mère de Famille et à ses Filles , par l'éducation des Vers à Soie. De même, s'il se trouvoit dans un Climat favorable, il prendroit soin des Oliviers.

Quant à la Forêt , son exploitation dépend de l'Industrie. Mais faut-il réparer ses dommages, garnir les Clairières, c'est à celui qui , par le moyen des Pépinières, s'est familiarisé avec la croissance des Arbres, qu'il appartient de remplir cette tâche. Ainsi, partout où il faut faire croître une Plante, isolée ou en grande masse, l'Horticulteur a recueilli, dans un Enclos très-borné dans le principe, l'expérience nécessaire pour lui faire espérer une pleine réussite. Son but sera toujours de faire marcher de front l'*Utile* et l'*Agréable*. C'est encore à lui qu'il appartient d'exécuter le chef-d'œuvre de l'Art du Jardin *paysagiste* : former d'un Vaste Domaine un Parc qui, par sa distribution, confonde ensemble l'Utile et l'Agréable. D'abord, il se bornera à faire en sorte que le Terrain qu'on lui confiera ne diminue pas en Revenu ; ainsi, il ne se ruinera pas comme un des premiers Créateurs de ce genre (Shestone), en remplaçant les Bâtimens *agricoles* par de jeunes Ruines : au contraire, il tirera ses décorations de la simplicité de ses Bâtimens d'exploitation. Il mettra donc tous ses soins à réaliser sur le Terrain le Magnifique tableau où Virgile a déployé toute la richesse de la Poésie pour décrire à sa manière l'*Agricola*, ou l'Agriculteur :

O fortunatos nimiùm, sua si bona nôrint,
Agricolas (1).

Ainsi, l'Agriculteur, dominant sur le Tout, voit tout en grand. Non-seulement il couvre sa Possession de Végétaux, mais il prévoit quelle sera leur destination. C'est donc lui qui détermine d'avance la quantité de chacun d'eux, suivant qu'il prévoit qu'il en trouvera facilement l'emploi ; tandis que l'Horticulteur, ne considérant que le Végétal lui-même, ne s'occupera que des moyens de le faire prospérer. C'est donc lui qui fait l'application spéciale de la Physiologie : l'Horticulture en est donc une dépendance directe. Ce n'est donc que par une légère extension, ou en la faisant, pour

(1) Je ne trouve le moyen de donner l'idée du sens de ce passage à ceux qui ne savent pas le latin, qu'en combinant trois Poètes français.

Heureux qui vit aux champs libre d'ambition,
S'il connoît le bonheur de sa condition. MARTIN.

Heureux donc mille fois ceux qui loin de la guerre
Ne songent aujourd'hui qu'à cultiver la terre. SEGRAIS.

Ah ! loin de tous ces maux que le crime fait naître,
Heureux le laboureur, trop heureux s'il sait l'être. DELILLE.

ainsi dire, monter d'un cran, que j'étends ce mot à tous les genres de Culture. « Il est certain qu'il n'est aucune re-» cherche du Botaniste qui soit inutile à l'Horticulteur. » Ainsi, lorsque le premier confie une Plante inconnue au » second, il doit l'instruire de la position où elle se trouve » (la Station), du Climat qui lui est le plus favorable (la » Géographie), pour savoir s'il ne lui en faut pas composer » un factice par le moyen des Serres; de l'époque de l'année » où elle développe ses Bourgeons ou ses Fleurs (le Calen-» drier de Flore). Toutes les autres particularités, telles » que la Durée, le Volume, le Port en général, deviennent » des Indications précieuses qui assurent l'existence de cette » Plante. Mais l'Anatomie et la Physiologie végétales sont » encore des ressources plus puissantes pour l'Horticulture. » Il semble même qu'elles lui appartiennent plus positive-» ment qu'à la Botanique. Aussi le plus grand nombre des » Auteurs qui se sont exercés sur cet objet important, sem-» blent avoir été plutôt Cultivateurs que Botanistes. En gé-» néral, plus un Cultivateur deviendra *savant*, comme Bo-» taniste, plus il trouvera de ressources dans sa Pratique; » et de même, plus le Botaniste se rendra *habile* dans la » Culture, plus il perfectionnera la Science, même consi-» dérée dans la pureté de la Théorie. »

J'exprimois déjà cette idée en 1805, dans le *Dictionnaire des Sciences naturelles.* Ainsi, depuis près de vingt-cinq ans j'ai toujours dirigé mes recherches de Physiologie Végétale de manière à pouvoir exécuter un Traité général de Culture qui pût également satisfaire à la Théorie et à la Pratique.

On sent qu'à cette époque je ne m'étois pas encore servi du mot *Horticulture* pour désigner l'Art dont je voulois traiter, puisque ce mot n'étoit pas encore répandu dans le public. Cela témoigne assez que la composition de la partie du Discours que vous venez d'entendre, où ce mot se trouve, est d'une date plus récente que le reste; et cela est vrai, car le commencement de ce discours est composé depuis 1814. Je le fis servir à l'ouverture de mon Cours; je le reproduisis en 1819; c'est alors que voyant la difficulté que j'éprouvois pour répandre mes idées, je jugeai que c'étoit inutilement que je voulois les propager par un Cours verbal. J'imaginai de le faire imprimer par Séance, de manière à ne paroître que successivement, c'est-à-dire la première paroissant le jour de la seconde, ainsi de suite; mais n'étant appuyé par personne, j'en suis resté à la seconde; elle paroîtra donc avec ce Discours, qui forme la première séance, mardi prochain, ce sera la troisième de ce Cours. Si je les avois toutes ainsi préparées d'avance, on voit que je mettrois par là l'Art de la Sténographie en défaut. Je n'ai pas eu le moyen d'écouter cette prévoyance, mais j'aurai celui d'y suppléer, et peut-être qu'avant la fin du Cours tout ce qui s'y trouve de plus important sera imprimé.

Ce qui me détermineroit principalement seroit de voir un certain nombre d'amateurs qui promettroient de fournir toute la carrière que je vais ouvrir.

J'étois donc depuis dix ans en mesure pour remplir ma promesse : de faire paroître imprimée, à la troisième Séance, la seconde. En la recevant, les Auditeurs auroient pu paroître étonnés de son étendue, car il leur auroit fallu au moins autant de temps pour la lire couramment que j'en aurois mis pour la professer quoiqu'en interrompant le Discours pour la Démonstration d'objets nouveaux; on auroit donc pu craindre que je ne fusse pas aussi exact par la suite.

Il est certain que si j'avois songé à me ménager cette apparence d'Improvisation, j'aurois eu mes vingt Séances ainsi préparées d'avance, et elles n'auroient paru qu'au jour et à l'heure précise. C'eût été une sorte de mystification qui auroit pu produire un effet favorable ; mais si elle eût été reconnue, on y eût vu un artifice indigne de la Science.

Au lieu de tenter un pareil moyen, j'aurois annoncé que

je mettois à la disposition des Auditeurs un Résumé complet des cinq premières séances, qui regardent la Reproduction par Bourgeon, ou ce que je nomme la *Blastogénésie.* C'est encore en remettant pour ainsi dire au jour un ouvrage imprimé vingt ans auparavant. Il a été publié et mis en vente; mais comme il n'a été annoncé nulle part, les exemplaires répandus se bornent presque entièrement au petit nombre de ceux que j'ai donnés. Ce sont les *Essais sur la Végétation.* Il paroît que le jugeant sur ce titre, on ne l'a regardé que comme une simple tentative pour lancer des idées auxquelles je n'attachois pas moi-même beaucoup d'importance, et ceux qui l'ont seulement feuilleté n'y ont vu que des morceaux détachés, qui ne pouvoient par conséquent faire connoître l'ensemble d'une Doctrine.

La plus légère attention eût suffi pour faire reconnoître que ce n'étoit point une sorte de hasard qui avoit déterminé la série des Mémoires que je présentois sous ce titre d'*Essais;* mais qu'ils étoient répartis en deux ordres différens. Dans les dix premiers j'avois suivi la marche des Inventeurs, les sujets que je traitois étant amenés les uns par les autres, soit pour développer les idées précédemment émises, soit pour les défendre contre les objections auxquelles elles avoient pu donner lieu; mais dans les deux derniers j'ai suivi une marche rigoureusement didactique, puisqu'elle est conforme au Tableau Synoptique que j'ai publié plus tard; par ce moyen j'ai donc présenté dans le onzième Essai un Résumé méthodique de toutes les propositions disséminées dans les dix premiers Essais, tendant à exposer la Reproduction par Bourgeon, expliquée par l'examen du Cours de la Végétation, c'est-à-dire les Plantes étant livrées à la Nature seule; et elle est constatée dans le douzième, quand ce Cours est contrarié, soit accidentellement, soit artificiellement. C'est donc là où l'on auroit trouvé exposé d'avance le Sujet que je devois traiter dans chacune des cinq Séances consécutives.

Ma tâche eût été de faire une sorte de Commentaire sur les idées que j'avois émises vingt ans auparavant; c'eût donc été la Revue de tout ce qui avoit été publié sur la Physiologie végétale venue à ma connoissance dans ce laps de temps; car je me serois fait un devoir de faire connoître même les Attaques les plus directes dirigées contre les bases que j'avois posées; et ce que j'eusse souhaité le plus ardemment eût été que leurs Auteurs fussent présens pour être témoins de l'impartialité que j'aurois mise dans la discussion qui en seroit résultée; mais à condition d'être seulement auditeurs pendant le Cours de la Séance. Ce n'est qu'après qu'elle eût été levée, que j'aurois laissé le libre cours à toutes les répliques que mes remarques auroient pu suggérer.

Mon projet étoit donc de soumettre à une Épreuve publique un Travail presque enfoui depuis long-temps.

De là résultoient les Matériaux qui devoient composer les quatre Numéros faisant suite au premier de la Phytognomie. Mais j'aurois ajourné leur publication, pour passer tout de suite à l'impression des quatre qui doivent traiter de la Fructification ou de la reproduction par Graine. Par ce moyen, j'aurois été à même de remplir la promesse que j'avois faite de donner Séance par Séance tout ce que ce Cours peut offrir d'important pour la Physiologie végétale, ou ce que je nomme l'*Aitiologie*. J'aurois repris ensuite toutes ses autres parties.

Comme je l'ai dit, cette partie de la Phytologie ou Botanique générale est la base de l'Horticulture; mais cependant, pour la rendre plus usuelle, elle doit être renfermée dans des bornes plus étroites. C'est dans cet état qu'elle prendroit place dans un Traité particulier, que depuis long-temps je voulois consacrer à cette Branche de l'Agriculture; mais on sent bien que ce n'étoit pas sous ce nouveau nom; même dans le principe j'avois plus restreint le sujet que je voulois traiter, car je le bornois à la culture des Arbres fruitiers. On peut en voir le plan dans l'ouvrage que je lui ai consacré sous le titre de *Recueils, de Rapports et de Mémoires*. Paris, 1815. J'avois tracé ce plan d'abord pour la Botanique; ensuite je l'avois appliqué à toutes les autres Branches des connoissances humaines, en ces termes :

Voilà l'ordre ou la méthode que je compte suivre ; il dépend d'un *Plan général* que j'ai esquissé, et qui, je crois, pourroit rendre l'étude des Sciences, c'est-à-dire de toutes les branches des connoissances humaines, beaucoup plus simple et plus facile qu'elle ne l'a été jusqu'à présent : je l'ai déjà appliqué à la Botanique, ce qui a été le sujet d'un Mémoire que j'ai lu dans la séance particulière de la classe de l'Institut, du 29 août 1809. Voici en quoi il consiste : Je voudrois qu'on remplaçât toutes ces volumineuses collections alphabétiques, ou Dictionnaires, par une suite d'ouvrages détachés, de manière à ce que chaque Volume fît un tout isolé, mais dépendant du *Plan général.*

Je les réduirois à cinq dans chaque Science ou portion quelconque du Tout *Encyclopédique*, qu'on pourroit suffisamment circonscrire.

Le premier seroit l'Histoire de la Science, c'est-à-dire la suite des efforts qu'on a faits pour la porter au point où elle est parvenue ; elle seroit rangée par ordre des Temps et des Lieux ;

Le second seroit la Biographie ou l'Histoire de tous les Personnages qui ont contribué à ses progrès, rangé par ordre alphabétique ;

Le troisième, Bibliographie ou Énumération alphabétique et raisonnée des livres dans lesquels sont consignés ces progrès ;

Le quatrième, Dictionnaire élémentaire de tous les Termes employés dans cette Science.

Le cinquième, Elémens ou Exposition méthodique de cette Science, dans l'état actuel de perfection où elle est parvenue.

Voilà donc trois Dictionnaires contre deux ouvrages méthodiques.

Ces deux genres d'ouvrages sont également utiles, les premiers devant aller des Noms qu'on connoît aux objets qui sont inconnus ; et les seconds, des Objets qu'on connoît aux Noms qui les désignent, qui sont inconnus.

Mais je crois avoir prouvé ailleurs que pour qu'un Dictionnaire jouisse de tous ses avantages, il faut qu'il soit renfermé dans un seul volume, afin qu'on puisse le parcourir facilement de l'*A* jusqu'au Z. Il doit en être de même de l'ouvrage méthodique.

J'ai donc fait l'application de ce plan à la Botanique, et j'ai donné l'esquisse de l'ouvrage que je me crois en état d'exécuter.

Il seroit composé de ces cinq volumes *fondamentaux;* mais ici ils ne contiendroient que des Généralités, et il ne s'y trouveroit pas encore de moyen de reconnoître une seule Plante; mais si l'on vouloit parvenir jusqu'à la dernière, deux cents suffiroient pour cela. J'ai fait choix de ce qui pourroit être d'un intérêt plus général; ce qui m'a donné le sujet de quinze autres volumes. Ils seroient encore composés alternativement de Dictionnaires et de Traités méthodiques; mais quoique dépendant toujours d'un plan général, ils seroient tellement isolés qu'on pourroit commencer indifféremment, soit pour leur publication, soit pour leur lecture, par celui des vingt qu'on voudroit: tous porteroient leur introduction; en sorte que ce seroient vingt portes ouvertes pour entrer dans le sanctuaire de la Botanique. Me trouvant, par la position où je me trouve maintenant, entraîné plus particulièrement vers l'Étude de la végétation dans les Arbres fruitiers, j'ai cherché à rattacher les connoissances que j'ai acquises, à ce Plan *général*.

Voilà donc l'annonce de deux Ouvrages; elle amène trois questions successives. Qu'ai-je déjà publié pour leur exécution? Quand j'aurai répondu que pour l'un comme pour l'autre j'en suis resté à-peu-près à de simples échantillons, on pourra me demander alors quelles sont les causes qui m'ont arrêté dans cette carrière? Pour y répondre, il me faudroit entrer dans des détails qui ne porteroient aucun avantage à la Science. Je n'en rapporterai que ce qui sera nécessaire pour répondre à une troisième Question. Quelle portion de ce Plan serois-je en état de publier dans le plus court délai possible?

D'abord je répondrai que quant à la Botanique, on pourroit juger par les Titres de la plupart des quinze Volumes additionnels, que je n'avois de prétention que de distribuer des connoissances précédemment acquises, suivant un plan nouveau. Ainsi leur Impression une fois commencée auroit pu s'achever assez promptement.

L'application de ce Plan à la Science de la Botanique et à l'Art de l'Horticulture résultera des deux Ouvrages que je me propose d'exécuter. Cela est évident pour le Cours, puisque des deux Parties qui le composent la seconde est l'Histoire proprement dite. Quant à la première, qui porte le titre d'*Aitiologie*, ou l'*Histoire naturelle des Plantes*, elle devient les Élémens. On sent qu'il ne faut qu'un peu de patience pour en tirer le *Dictionnaire élémentaire*; ce n'est autre chose qu'une Table des matières un peu étendue; de même la Biographie sort facilement de l'Histoire, puisque c'est la connoissance des Hommes qui ont cultivé cette Science; mais c'est principalement par leurs travaux écrits qu'ils ont acquis quelque célébrité, de là la *Bibliographie*. Comme je l'ai dit, ces cinq volumes, quoique formant un tout, sont indépendans les uns des autres; ainsi peu importe lequel paroîtra le premier. Ce pourroit donc être la *Biographie*, et il n'a pas dépendu de moi qu'elle ne parût complète justement à cette époque; car il y a dix-sept ans qu'il étoit convenu qu'elle seroit terminée en même temps que la *Biographie universelle*. M. Michaud l'aîné, membre de l'Académie françoise, m'ayant proposé de me réunir aux Collaborateurs de cette *Biographie*, dont il formoit l'entreprise avec son frère, pour y fournir les Articles qui concerneroient les Botanistes et les Agriculteurs, je m'y refusai d'abord, me fondant sur ce Principe, qui est mon *delenda est Carthago* : Tout Dictionnaire qui passe en étendue un volume maniable est un Ouvrage manqué; ainsi je ne veux pas concourir à la confection d'un ouvrage de ce genre, qui aura au moins cinquante volumes. — Oh non! répliqua-t il, il en aura à peine trente-six ; et il en a cinquante-deux. J'ai développé cette idée dans un autre ouvrage, et je ne m'y arrêterai pas ; seulement je dirai que ce n'est pas ce nombre que je blâme, car la Biographie, telle que je la conçois, finiroit par en avoir peut-être cent. On voit par l'Esquisse du Plan que je présente, que chaque partie du Tout *encyclopédique* qu'on peut détacher en auroit une particulière ; mais elles seroient réunies par quatre ou cinq Volumes préliminaires.

Le premier volume formeroit une Biographie *usuelle;* elle ne comprendroit que les Noms vraiment *historiques*. La Notice qui seroit consacrée à chaque Personnage seroit des plus brèves ; en sorte qu'elle ne dépasseroit jamais l'étendue d'une colonne ou d'une demi-page.

Le second seroit la Collection de tous les Noms qui devroient paroître dans toutes les Biographies particulières. Une seule ligne leur seroit consacrée. Des abréviations et des signes particuliers donneroient déjà des renseignemens préliminaires.

Le troisième seroit la reproduction de ces mêmes Noms rangés méthodiquement suivant leurs professions ou l'état des Personnages renfermés également dans une seule ligne.

Le quatrième les représenteroit dans l'Ordre *chronologique*, et le cinquième dans l'Ordre *géographique*. Ces deux derniers pourroient être combinés ensemble.

On voit que ces quatre Volumes ne pourroient paroître d'une manière complète qu'après la publication des Biographies particulières, car ils leur serviroient de Table des Matières.

Je pensois bien qu'un tel Plan paroîtroit trop gigantesque au premier coup-d'œil pour être adopté sur une simple proposition, et qu'il faudroit au moins présenter une des parties exécutées. Je crus en avoir trouvé le moyen dans la proposition qu'on me faisoit : c'étoit en m'engageant par-là, à composer pour la Biographie tous les Articles de Botanistes et d'Agriculteurs qui viendroient à ma connoissance ; mais que la propriété de ces Articles me resteroit, et que pour les employer à mon compte, on les réserveroit jusqu'à ce qu'ils pussent être retirés à mes frais dès qu'ils pourroient former une Feuille ; que nous réglerions le nombre d'exemplaires, de façon que les frais du Tirage et du papier me serviroient d'Honoraires. M. Michaud me répondit qu'il ne demandoit pas mieux, mais que l'arrangement définitif regardoit son frère. Malheureusement ce fut le dernier rapport que j'ai eu avec lui pour cette Biographie. Je n'eus donc plus à faire qu'avec l'Entrepreneur-Libraire. Je lui renouvelai ma proposition ; il l'accepta sans hésiter ; il promit de l'exécuter de point en point, et ce fut verbalement ; mais il remit pour fixer les détails, comme le nombre d'exemplaires à tirer, après l'essai de la première Feuille. Je lui promis donc de fournir tous les Articles concernant les Botanistes et les Agriculteurs, et je lui dis que d'après un premier aperçu je pensois qu'ils n'iroient pas à moins de douze cents ; que la plupart seroient très-courts, ne dépassant pas l'étendue d'une colonne ; mais que je présumois qu'environ vingt-cinq en emploieroient plus de dix. Ce fut donc sur de simples paroles que nous nous engageâmes réciproquement.

Je ne pouvois pas présenter des conditions moins onéreuses pour fournir un Travail qui devoit être entièrement neuf. Je ne devois recevoir de salaire que lorsqu'il seroit terminé ; cela par un Volume qui n'auroit coûté que le Papier et le Tirage. Mais, dira-t-on, ce volume ne pouvoit-il pas faire tort à l'ouvrage dont il étoit tiré ? nullement, attendu qu'il ne pouvoit paroître qu'après lui ; c'est-à-dire lorsque son sort, comme objet de commerce auroit été décidé. Cela eût eu lieu quand même j'aurois fait paroître moi-même mon ouvrage par livraison. Je devois donc croire à la parole qui m'avoit été donnée ; en sorte que je me mis à l'ouvrage en toute confiance, et j'eus bientôt fourni assez d'Articles pour commencer l'exécution de mon projet. Il y eut toujours quelques difficultés plus ou moins plausibles qui vinrent à la traverse ; et comme je ne tardai pas à m'apercevoir que l'on n'avoit pas la volonté de me satisfaire, je me trouvai forcé d'abandonner mon projet. Cependant comme je ne perdois pas l'espérance de réunir mes Notices d'une manière ou d'autre, je ne me bornois pas à composer les Articles à mesure qu'ils paroissoient dans l'ordre alphabétique, j'avois entrepris d'exécuter chronologiquement les Personnages les plus remarquables. Cependant les désagrémens que j'éprouvois continuellement me forcèrent à discontinuer de travailler pour la *Biographie*. Ce fut au treizième volume. M. Michaud m'ayant fait faire des propositions pour fournir de nouveau des Articles, non seulement à la *Biographie universelle*, mais à celle des *Contemporains*, qu'il publioit en même temps, je fis entre autres pour celle-ci l'Article de Jacquin; mais lorsque je le finissois, ce Savant terminoit sa carrière, et son Article devoit passer dans l'*Universelle*. On en présenta un autre, il fut préféré, sûrement parce qu'il étoit contenu en cinq colonnes, et que le mien n'en auroit pas eu moins de dix. N'ayant pas plus à me louer de l'Editeur que dans le commencement, je l'abandonnai encore; et ne voulant plus avoir rien à démêler avec lui, je ne demandai pas même qu'on me fournît la continuation de l'exemplaire de l'ouvrage; mais celui qui me remplaça, et qui ne le fit qu'après m'avoir prévenu des propositions qu'on lui avoit faites, vint me demander les renseignemens que je pouvois avoir pour les Articles subséquens, et je les lui ai fournis toutes les fois que l'occasion s'est présentée. Ce fut lui qui demanda pour moi la continuation des Livraisons que je retirois à mesure qu'elles paroissoient; mais, du reste, je ne pensois plus à cet ouvrage, quant, à ma grande surprise, M. Michaud le Libraire vint me trouver dans la Bibliothèque de l'Institut, pour me proposer de coopérer de nouveau à son entreprise, d'abord par l'Article de Quintinie. Un refus formel fut ma première réponse; mais d'après toutes les protestations qu'il me fit, j'accédai enfin à sa demande, mais à condition qu'il me fourniroit les moyens de faire paroître ma Biographie particulière. Il me dit qu'il ne demanderoit pas mieux, si j'avois mon manuscrit prêt. Je lui répondis qu'il n'en étoit pas besoin, parce que je voulois commencer par la Quintinie.—Comment cela pourroit-il se faire, puisqu'il se trouve près de la fin de l'ouvrage? — D'abord je ne veux plus la distribuer suivant l'Ordre *alphabétique*, mais par le *chronologique*. De plus, je séparerai les Agriculteurs des Botanistes. — Mais la Quintinie a paru sur la fin du dix-septième siècle ; ainsi il est encore plus loin du commencement d'un Ouvrage distribué suivant l'Ordre des temps. — C'est vrai ; mais comme dans l'Esquisse d'une Biographie *agricole* que j'ai publiée, j'ai partagé leur série en quatre Epoques, le premier Article de chacune d'elles commencera une Pagination ; celui de la Quintinie est dans ce cas.

Je lui exposai donc sommairement le plan que les circonstances me *faisoient adopter ;* je lui annonçai en même temps qu'il me resteroit peut-être deux cents articles à fournir. Le plus grand nombre appartenoit aux Botanistes, et plusieurs d'entre eux étoient très-importans. Le premier qui survint étoit Rai, le digne émule de Tournefort. Il devint très-honorable pour moi, quoiqu'il fût déjà fait et présenté sous un aspect nouveau. Jusque-là on ne l'avoit regardé que comme un habile Botaniste, et ici on le présentoit avec raison comme un des plus savans Zoologistes de son époque. C'étoit celui qui étoit le plus en état d'apprécier son mérite, sous ce rapport, qui lui rendoit cette justice, M. le baron Cuvier. Mais il s'en rapporta aux anciens documens, pour faire connoître ses Travaux *botaniques*. Je crus que pour les mettre dans le jour le plus avantageux, il étoit nécessaire d'y faire quelques additions; je les proposai sous forme de Notes ; elles furent communiquées à l'Auteur, qui non seulement les approuva, mais exigea qu'elles fussent insérées dans le texte pour que ma Signature se réunît à la sienne, et je crois que de nos deux genres de Recherches il est résulté une Notice plus complète que celles qui avoient paru. Ces Articles de Botanistes se multiplioient, étant, comme je lui dis, plus nombreux que ceux des Agriculteurs ; par là ils présentoient plus de difficultés pour entrer dans une seule série. Je trouvai le moyen de la diviser en commençant par la considération géographique ou du Pays des Auteurs. Ainsi je distribuois les Botanistes d'une manière analogue à celle dont ils se servent pour les Plantes, en les rapportant d'abord à des Classes tirées de la Géographie ; ensuite à des Ordres tirés de la Chronologie; je les ramenois donc aux deux bases de l'Histoire. Par ce moyen, j'aurois étendu à toute l'Europe savante le travail qu'a exécuté Pultney pour son pays, sous le titre de *Sketch*, ou *Esquisse des progrès de la Botanique en Angleterre ;* et on peut l'entreprendre sans crainte d'être entraîné dans la partialité, parce qu'on verra que chacune des Nations européennes a eu dans ses fastes Botaniques un moment tellement brillant, que les autres ne pouvoient s'empêcher de reconnoître sa supériorité; celui de l'Angleterre étoit justement celui où Rai disputoit avec Morison l'honneur d'établir une Méthode. On peut voir dans l'ouvrage de Pultney, par le petit nombre d'Auteurs véritablement dignes d'attention qui précèdent ces deux Rivaux, qu'une Feuille d'impression suffisoit pour les faire connoître, et d'en venir tout de suite à ces deux éminens Personnages. Mais lequel doit passer le premier? Si cette place étoit accordée à raison du mérite réel, ce seroit assez difficile à décider, comme on verra par leur Article. Mais ici, en suivant la règle établie par Haller, dans la *Bibliothèque Botanique*, de rapporter toute la Notice d'un Auteur à la date de son premier ouvrage, c'eût été Ray. Il ne falloit donc qu'une Feuille imprimée à mon compte pour débarrasser son Article.

Les Allemands ont rendu un très-grand service à la Botanique par l'introduction des Planches en bois; elle a commencé avec le seizième siècle par l'*Ortus sanitatis ;* mais c'est vers son milieu qu'elle a acquis sa perfection par Brunsfels, Tragus ou Le Bock et Egenolph; leurs travaux furent continués par Camerarius et Tabernœmontanus. Pendant la plus grande partie du dix-septième siècle, cette Nation se livra plus spécialement à l'Erudition qu'à l'Observation de la Nature. Ce fut surtout depuis la création de l'Académie des Curieux; c'est alors qu'on vit paroître de gros volumes dont chacun ne concernoit qu'une seule Plante, et pour le remplir, on fut obligé d'y renfermer tout ce que l'on pouvoit trouver dans les autres livres. Rivin lui redonna un nouvel éclat; sa Méthode vint seconder celle des Anglais. Je crois avoir mis dans tout son jour le vrai mérite de cet Auteur, à qui l'on n'a pas toujours rendu justice. Deux Feuilles d'impression auroient suffi pour venir jusqu'à lui.

Les Flamands suivirent la première impulsion des Allemands, en publiant des Figures en Bois d'un grand nombre de Plantes aussi correctes au moins que les leurs; elles furent plus élégantes; elles sont le fruit de trois personnages, Dodonée, Lobel et Clusius; réunis par les soins de l'Imprimeur Plantin, ils formèrent un triumvirat honorable pour la Belgique; il suffisoit de rassembler leur Notice pour arriver à celle de Spigel et de Sterbeck.

C'est par leurs nombreux voyages dans les contrées les plus éloignées que les Hollandois ont été à même de concourir aux progrès de la Botanique; mais avant les ouvrages splendides de Rheede et de Rumpf, il n'étoit sorti de leur contrée que quelques opuscules; en sorte qu'une Feuille d'impression suffisoit pour faire connoître les Auteurs qui les avoient précédés.

Les Suisses ont présenté une liste d'Auteurs encore bien moins longue; mais elle est des plus importantes; Conrard Gesner est en tête; viennent les deux Bauhins, qui ont fait un tout des travaux de leurs Prédécesseurs. Haller est venu couronner leurs recherches, quoiqu'il n'eût pu donner à la Botanique qu'une très-petite portion de son existence.

Les Italiens ne se sont fait connoître d'abord que par les efforts qu'ils ont faits pour reconnoître les Plantes des Anciens; ainsi leurs premiers Auteurs se livroient plutôt à l'érudition qu'à l'observation de la Nature. Cependant Anguillara fut un des premiers qui chercha à concilier les deux genres de recherches, en allant visiter les lieux où Théophraste et Dioscoride avoient trouvé les Plantes dont ils avoient parlé. Mathiole avoit acquis parmi eux une grande réputation. Il a été plus connu et plus souvent cité que celui qui avoit déterminé le plus grand progrès de la Science. C'est Césalpin; car à lui seul appartient la gloire d'avoir fondé la première Méthode sur l'observation de la Nature.

L'Académie des Lyncées paroit immédiatement après lui.

Son fondateur le prince Cesi et Colonna en furent les principaux ornemens. Il falloit donc réunir les Notices de ces personnages pour arriver à Stelluti et Terentius, autres membres de cette Société, et de là à Rechi, qu'ils ont fait revivre. Leur Liste est nombreuse, et peut-être demanderoit-elle trois Feuilles pour être complète. Ce ne seroit pas Rechi qui l'allongeroit beaucoup par lui même, son Article n'a pris de l'étendue que parce que j'ai voulu le faire servir de supplément à celui d'Hernandès ; jusqu'à présent le travail de celui-ci n'avoit pas été mis à sa juste valeur. Cet Auteur avoit exécuté l'Ouvrage le plus considérable qu'on doive aux Espagnols; en reprenant dans Rechi ce qui lui appartient, il auroit à-peu-près commencé l'Esquisse des travaux de cette Nation. Ils ne sont pas nombreux, même en y comprenant ceux des Portugais. Cependant tous les peuples réunis au nord de l'Allemagne avoient encore moins produit que l'Espagne.

La plus grande entreprise du Danemarck est *la Flore*, ou l'énumération des Plantes qu'elle produit naturellement. Plus d'un demi-siècle s'est écoulé sans que cet ouvrage fût achevé, quoique sous la protection immédiate du gouvernement ; un petit nombre de noms sont à ajouter pour précéder ceux de Œder et de Muller, qui ont commencé cet ouvrage et conduisent jusqu'à Vahl, qui l'a continué.

Parmi les Suédois, une vingtaine de noms, parmi lesquels se font remarquer, entr'autres, celui des Rudbeck, père et fils, qui avoient entrepris un Ouvrage des plus étendus, les Champs *Élysiens*, il devoit comprendre la Description de toutes les Plantes connues alors, accompagnée de leur figure en bois, composant 12 vol. in-fol°. ; mais ils furent la proie des flammes. Toute la réputation botanique de la Nation ne résidoit donc que dans ces noms. Celui de Linné parut, et il éclipsa tous les autres, et s'étendit sur toute l'Europe. Plusieu rs autres noms paroissent à la suite ; ce sont ses disciples ; Swartz est un des derniers. J'avois fait son Article, mais on en a transcrit un autre. Enfin, cette savante génération vient de s'éteindre avec Thumberg, mort à 85 ans.

J'avois proposé un autre Article dont on n'a pas voulu ;

c'est celui de Siegesbeck. Quoique né en Allemagne, une grande partie de son existence s'est écoulée en Russie : je le rapporte à cette nation comme Rumph à la Hollande, quoiqu'il fût né pareillement en Allemagne. Il en est de même de Pallas, celui qui a le plus contribué à faire connoître les Plantes de ce vaste Empire. Quant à Siegesbeck, je regardois son article comme important, parce que c'est le premier adversaire qui osa attaquer Linné.

C'est par l'Article *Reneaume* que j'entrois dans la série des Botanistes français : là, j'ai cherché à mettre en évidence son mérite, méconnu long-temps, et j'ai démontré, je crois, qu'il étoit le vrai fondateur de la Nomenclature Classique, par la création des Genres tirés de l'observation de la Nature. Son ouvrage, sous le titre de *Specimen*, est de 1611. Ainsi, je dois fournir les articles précédens : leur Nomenclature est assez nombreuse; mais il est certain qu'il ne s'y trouve qu'un petit nombre de personnages remarquables. Un des premiers est Ruell, qui publia à Paris un ouvrage important, quoique de pure compilation. Ce fut dans la même ville que parurent les travaux de Belon. J'avois contribué avec M. Demusset-Pathai à venger sa mémoire des calomnies dont il avoit été l'objet; depuis, j'ai recueilli encore d'autres documens sur son compte.

C'est de Lyon que sortit ensuite un assez grand nombre d'ouvrages de Botanique, employant deux séries de Planches; et la plus remarquable, c'est celle de l'*Histoire générale des Plantes*, dite de Lyon, exécutée par Dalechamp.

Enfin, à Montpellier parut un Botaniste distingué, Richer de Belleval; mais il ne put faire paroître que l'annonce de ses travaux. Deux Feuilles d'impression auroient encore suffi pour venir rejoindre Reneaume.

Depuis cette époque jusqu'à Tournefort, qui fit passer la suprématie de la Botanique à la France, en 1690, l'espace est rempli par les Catalogues des richesses qu'acquéroit le Jardin des Plantes de Paris, à commencer aux Robins. Parmi ses Professeurs se distingue Gui de la Brosse. Ces travaux se réunissent à ceux qui s'exécutoient à Blois sous les auspices de Gaston d'Orléans. Ce Prince, non content de faire décrire les Plantes qu'il rassembloit dans ses Jardins, par d'habiles gens, comme Marchand et surtout Morison, les faisoit peindre dans toute perfection par Robert; et l'Académie des Sciences à sa naissance mit le public à même de juger ce beau travail par les soins de Dodart. Plumier et d'autres Voyageurs conservèrent à la France la prééminence de la Botanique.

La gloire de Tournefort se maintint, et ce fut en vain que quelques-uns de ses Contemporains et même de ses Compatriotes cherchèrent à l'obscurcir, notamment Vaillant; l'article de celui-ci devoit être un complément de celui de Tournefort. Mais ses partisans diminuèrent insensiblement, par l'invasion d'une nouvelle Doctrine : c'étoit celle de Linné. S'étendant rapidement du Nord au Sud, elle domina surtout à Montpellier par les soins de Gouan et autres.

Adanson tenta de s'opposer à ce torrent, en ouvrant une nouvelle route; mais il sembla prêcher dans le désert. Cependant les Principes qu'il avoit fondés ont pris le dessus, et le perfectionnement des Familles *naturelles* a redonné le sceptre de la Botanique à la France. C'est surtout par les travaux de Savans d'un Nom (Jussieu) qui se propage dans la Botanique depuis un siècle; il étoit rempli par deux générations seulement; mais la troisième vient de faire son apparition de manière à faire voir qu'elle ne dégénère pas. Me voilà revenu au point d'où j'étois parti, car c'est par la Notice d'Adanson que j'ai fait mon entrée dans la Biographie.

Cette esquisse que je viens de tracer ne contient que l'histoire des Botanistes de l'Europe, à partir d'une époque des plus remarquables, l'invention de l'Imprimerie Il est résulté de cette admirable découverte, que l'énumération des travaux de trois siècles est de beaucoup plus étendue que celle de trente qui se seroient écoulés auparavant. On la partage assez arbitrairement en deux portions, l'Antiquité et le Moyen âge : la première ne contient que quatre Personnages dont le Nom nous soit parvenu, soutenu par des ouvrages considérables, Aristote, Théophraste, Dioscoride et Pline, auxquels on ajoute par respect Hippocrate. Outre le mérite intrinsèque de leurs travaux, ils ont été utiles aux Modernes en servant de point de départ pour la Botanique. Quant au Moyen âge, dans lequel sont compris les Auteurs Arabes, c'est une Nomenclature des plus arides; la plupart des Personnages qu'elle désigne n'ont parlé des Plantes que par occasion et comme Médecins. On a donné de l'importance à quelques-uns de ces Noms, parce qu'on les a appliqués à un Genre de Plantes : il y en a aussi beaucoup parmi les Modernes, qui, comme je l'ai dit, n'ont d'autre mérite que cet honneur usurpé. De là suit la nécessité de scruter le mérite de chaque personnage; mais c'est, au fond, le but de toute Biographie. Je voyois donc s'ouvrir devant moi une grande et belle carrière et dans mon idée, tous les Articles que je devois fournir n'en devoient composer qu'un seul; et ce n'a pas été un des moindres désagrémens que j'aie éprouvés de voir tomber sous la Serpe réductrice des Phrases qu'on jugeoit inutiles, parce qu'on ne s'apercevoit pas qu'elles étoient autant de Points de jonction avec d'autres Articles. Mais le travail a été exécuté dans sa plus grande étendue par d'autres que par moi; et pourquoi cela? Si je répondois à cette question, ma réponse seroit peut-être différente de celle de M. Michaud. Quelle seroit la plus près de la vérité? seconde question qui pourroit en entraîner d'autres Mais supposé que j'eusse eu affaire à un autre Libraire, qui eût accueilli ma première proposition : de tirer à part pour mon compte tous mes Articles, à mesure qu'ils auroient été suffisans pour compléter une Feuille, nous nous trouverions arrivés tous les deux à la fin de notre entreprise, lui avec la *Biographie universelle* complète, et moi avec la *Biographie spéciale des Botanistes et des Agriculteurs réunis*. Le sort de la sienne étant décidé depuis long-temps, la mienne ne lui eût fait aucun tort. Au contraire, cet exemple étant donné, il en auroit profité pour reproduire tout de suite sa Biographie méthodiquement.

Au fond je devois me féliciter des contrariétés qui m'avoient fait renoncer à ce premier plan, puisqu'elles m'avoient conduit à lui en substituer un autre bien supérieur; par l'un j'obéissois encore à la Routine *alphabétique* : il en résultoit bien une collection de Portraits, mais froidement *isolés*; au lieu que pour l'autre, chaque époque compose un Tableau animé, dans lequel un petit nombre de Personnages se détachent : c'est autour d'eux que les autres viennent se grouper. Les découvertes s'enchaînent par la Chronologie, elles se répartissent entre les Nations par la Géographie.

Rien ne me paroissoit plus facile que l'exécution de ce plan. Je demandois donc qu'on imprimât les deux Biographies des Botanistes et des Agriculteurs à mon compte; mais que du prix convenu pour la composition de chaque feuille on défalquât le prix des Articles que j'aurois fournis à la Biographie *universelle;* c'étoit donc là que se bornoient mes demandes d'Honoraires.

M. Michaud répondit que quant à l'emploi des Articles dans mes Ouvrages particuliers, il y consentoit volontiers, mais que pour leur nouveau Tirage et la composition des autres, ce n'étoit pas lui que cela pouvoit regarder, mais M. Everat son Imprimeur. Je fus le trouver; il ne vit dans le moment aucune difficulté à exécuter ce que je demandois, et il me dit que comme Amateur de Culture, il prendroit intérêt à l'Ouvrage que je lui proposois d'imprimer. Que pour le prix de la composition, il seroit le même que celui qu'il exigeoit de M. Michaud, vingt-neuf francs par feuille. Cette Carrière étoit donc parcourue aux trois quarts, lorsqu'on me proposa d'y rentrer. Je voulus réparer le temps perdu, et chercher le moyen, comme le Lièvre de La Fontaine, d'arriver au but au moins en même temps que la Tortue. Pour peu que j'eusse été encouragé, j'aurois devancé en peu de temps la Biographie *universelle*, ou du moins les deux miennes auroient pu être terminées en même temps qu'elle. Il en seroit résulté deux volumes, mais fort inégaux en grosseur. Il s'y seroit trouvé un grand nombre de Personnages qui n'auroient pas paru dans l'*Universelle*. On auroit pu juger facilement l'importance de chacun d'eux, et alors choisir les Articles qu'il seroit indispensable de faire paroître dans le Supplément. Par ce moyen nous nous serions rendus service mutuellement. Il falloit donc marcher d'accord jusqu'au bout. Mais bientôt des difficultés se présentèrent, quoiqu'en apparence on témoignât toujours beaucoup de bonne volonté.

Sur ce que je témoignois à M. Everat le désir que j'avois de trouver quelqu'un qui me fournît le papier à des conditions raisonnables pour le prix et le mode de paiement, il me dit : que ne vous adressez-vous à M. Michaud lui-même ? sans être marchand de papier, il pourroit facilement s'arranger avec vous sur ce point. Je profitai de l'avis; mais ce ne fut qu'avec beaucoup d'hésitation qu'il répondit à ma demande, et il ne voulut pas prononcer sur-le-champ.

Toutes les fois que je lui en parlois, il en remettoit toujours la décision comme s'il eût été question d'une affaire très-majeure, et toujours il se rejetoit sur la Nature de mon Ouvrage, qui lui paroissoit impossible à exécuter.

Pendant ce temps les Articles restoient en souffrance, et ils se multiplioient. L'Imprimeur paroissoit à juste titre très-mécontent de voir ses caractères encombrés inutilement; mais c'étoit l'indécision seule de M. Michaud qui causoit ce retard; elle duroit depuis plus d'une année. Fatigué de cette position, j'annonçai que pour le moment j'abandonnois la *Biographie des Botanistes*, qu'ainsi on pouvoit décomposer leurs Articles. Je demandois pourtant qu'on m'en tirât auparavant quelques Exemplaires; ce qui me fut promis, mais point exécuté.

Je me bornai donc à continner la Biographie des Auteurs *agronomiques*. Comme je l'ai dit, deux Feuilles, à commencer de la Quintinie, étoient prêtes depuis long-temps; il y avoit de plus le commencement d'une troisième. J'avois préparé à-peu-près ce qu'il falloit pour la compléter; mais il me parut plus pressant de compléter pareillement deux Feuilles pour accompagner l'Article *Roger Schabol*. Cependant M. Michaud s'étant enfin décidé à fournir du Papier, les deux feuilles de la Quintinie furent débarrassées. Mais Olivier de Serres survint; il demandoit plus de travail pour être employé dans mon Ouvrage, parce que se trouvant justement à la fin d'une Epoque, il falloit fournir à-la-fois tous les Articles précédens. C'étoit dans mon Esquisse la première, parce que partant de la date de l'Invention de l'Imprimerie, sous le titre d'*Érudition*, je faisois paroître les anciens Auteurs à la date de la première édition de leurs ouvrages; mais depuis j'ai trouvé plus convenable de faire une première époque de l'Antiquité et du Moyen âge. La seconde commence donc avec l'Imprimerie, et les Auteurs y paroissent à la date de leur premier Ouvrage. Mais voyant que cette série me donnoit plus de travail pour compléter que je ne pensois, je fis réflexion que cet article de Serres la terminant, je pouvois le faire passer en tête de la Série suivante, devenue la troisième époque, et j'eus bientôt fourni de quoi compléter la Feuille qu'il commençoit, d'abord en restituant un paragraphe, très-important selon moi, qu'on avoit retranché, et en y ajoutant quelques autres particularités. En sorte que cet Article employoit vingt-deux Colonnes au lieu de dix-sept qu'elle avoit dans la Biographie. De pareilles additions ont été faites aux principaux Articles, comme Roger Schabol. Enfin il se trouvoit cinq Feuilles de *composées* : deux étoient *tirées ;* de nouvelles difficultés s'élevèrent pour le tirage des trois autres. Ennuyé de tous ces contre-temps, je proposai à M. Everat de nous délivrer l'un de l'autre, me bornant pour le moment aux cinq Feuilles composées, qui me serviroient pour appuyer l'annonce de l'ouvrage complét. Pour effectuer cette séparation, il ne restoit plus qu'à compléter le tirage des *trois Feuilles;* mais au moment de le faire, il m'avoua qu'il ne lui en restoit plus qu'une, attendu que les deux autres avoient été *décomposées*; il me proposa de les faire recomposer, mais je le remerciai.

J'ai donc retiré de son Imprimerie trois Feuilles de la *Biographie des Agronomes*, et les Epreuves bonnes à tirer des deux autres Feuilles; l'une étoit celle qui commençoit par Olivier de Serres, et l'autre qui continuoit la Notice de l'abbé Nolin. J'ai fait recomposer celle-ci. Elle a cet avantage pour moi, qu'elle indique clairement pourquoi on a voulu la faire disparoître dans l'Imprimerie de la rue du Cadran. C'est une sorte d'Enigme, mais son explication résulte de cet Article.

Dans le temps que je le composois, il se colportoit une Pétition qui commandoit en style révolutionnaire à Sa Majesté d'abandonner sa Pépinière du Roule, pour y construire un Marché. Ne la connoissant encore que par un Supplément manuscrit, je me hâtai d'y répondre par une Notice historique sur cet établissement, et je fis passer dans l'Article de son créateur, l'abbé Nolin, tout ce qui pouvoit y convenir. Il étoit donc devenu une réponse indirecte à une attaque qui menaçoit à mon insu ma tranquillité depuis six mois. Enfin, le 18 février 1815, ayant pu me procurer cette pièce, j'apprends qu'elle sort des mêmes presses que ma Biographie. J'en dis assez pour prouver que ce n'est pas fortuitement que cette Feuille a disparu; mais celle d'Olivier de Serres, seroit-ce la même cause qui auroit aussi causé sa disparition? mais pourquoi non? Les Rapports que ce célèbre Agriculteur eut avec Henri IV, pour répandre en France l'Education des Vers à Soie, se lient avec les Travaux de Claude Mollet, qui pendant plus de cinquante ans fut à la tête des Pépinières que nos Rois entretenoient au faubourg du Roule. Ce sont des souvenirs qu'il étoit bon de détruire, parce qu'ils donnoient quelque appui à l'Etablissement qu'on vouoit à la destruction.

On voit donc que les quatre Feuilles dont j'annonce la publication sont un débris de Naufrage. C'est un *Specimen* qui peut donner l'idée de ce que sera l'Ouvrage complet. Les principaux Articles qui doivent y entrer étant prêts depuis long temps, je peux en peu de mois le porter jusqu'à la fin du dix-huitième siècle. Quant à la *Biographie botanique*, je pourrois effectuer celle des François jusqu'à la même époque dans l'espace de trois mois, pourvu cependant que je retrouve de la stabilité, et que quelques personnes au moins témoignent le désir de voir s'effectuer ces publications. Celle de la suite de mon Cours dépend des mêmes conditions.

Imprimerie de GUEFFIER, rue Mazarine, n°. 23.

www.ingramcontent.com/pod-product-compliance
Ingram Content Group UK Ltd.
Pitfield, Milton Keynes, MK11 3LW, UK
UKHW021028260726
13994UKWH00005B/2014